Sitzungsberichte
der Heidelberger Akademie der Wissenschaften
Stiftung Heinrich Lanz
Mathematisch-naturwissenschaftliche Klasse
Abteilung A.
Jahrgang 1923. 3. Abhandlung.

Über Gleichungen ohne Affekt.

Von

Oskar Perron

in München.

Eingegangen am 19. Mai 1923.

Berlin und Leipzig 1923

Walter de Gruyter & Co.

vormals G. J. Göschen'sche Verlagshandlung / J. Guttentag, Verlagsbuchhandlung / Georg Reimer / Karl J. Trübner / Veit & Comp.

Über Gleichungen ohne Affekt.

§ 1.

Historische Einleitung.

Daß es im natürlichen Rationalitätsbereich Gleichungen beliebigen Grades gibt, die keinen Affekt haben, d. h. deren Gruppe die symmetrische ist, hat zuerst Herr HILBERT mit Hilfe seines Irreduzibilitätssatzes bewiesen.[1]) Jedoch sind zum Beweis dieses Satzes wesentlich funktionentheoretische Hilfsmittel erforderlich, die der Algebra fern liegen, und außerdem wird durch die HILBERTsche Methode lediglich die Existenz affektloser Gleichungen bewiesen, ohne ein Mittel an die Hand zu geben, solche Gleichungen wirklich aufzustellen. Durch viel einfachere Überlegungen hat dann HEINR. WEBER ein Mittel gefunden, wenigstens für jeden Primzahlgrad affektlose Gleichungen wirklich anzugeben.[2]) Er geht dabei von der durch gruppentheoretische Überlegungen nicht allzuschwer beweisbaren Tatsache aus, daß eine irreduzible Gleichung von Primzahlgrad, wenn sie genau ein Paar konjugiert-komplexer Wurzeln hat, sicher die symmetrische Gruppe besitzt.

Für einen beliebigen Grad hat zuerst Herr MICHAEL BAUER das Problem gelöst[3]) und sogar zwei verschiedene Methoden angegeben. Er setzt aber dabei außer einigen Kenntnissen aus der Gruppentheorie auch eine ziemlich tiefe Vertrautheit mit der Idealtheorie voraus; dafür haben seine beiden Verfahren den Vorteil, daß sie nicht nur für den natürlichen Rationalitätsbereich, sondern für einen beliebigen algebraischen Zahlkörper anwendbar sind. Herr J. SCHUR hat an die zweite BAUERsche Arbeit anknüpfend dessen Verfahren vereinfacht[4]), wobei es ihm insbesondere gelungen ist, in der Beweisführung die Idealtheorie zu vermeiden. Immerhin scheint mir auch dieser Beweis

[1]) D. HILBERT, Über die Irreducibilität ganzer rationaler Funktionen mit ganzzahligen Coefficienten. Journal f. d. reine u. angew. Mathematik 110 (1892).

[2]) H. WEBER, Lehrbuch der Algebra I (1895), § 178. Zweite Aufl. § 186.

[3]) M. BAUER, Über Gleichungen ohne Affekt. Journal f. d. reine u. angew. Mathematik 132 (1907). — Ganzzahlige Gleichungen ohne Affekt. Math. Annalen 64 (1907).

[4]) J. SCHUR, Beispiele für Gleichungen ohne Affekt. Jahresber. d. deutsch. Mathematikervereinigung 29 (1920).

nicht ganz elementar. Noch einfacher ist ein Verfahren, das neuerdings Herr FURTWÄNGLER angegeben hat.[1]) SCHUR und FURTWÄNGLER kommen beide auf den WEBERschen Gedanken zurück, daß sie Gleichungen bilden mit genau einem Paar konjugiert-komplexer Wurzeln, wodurch erzwungen wird, daß die Gruppe eine Transposition enthält. Deshalb besteht bei diesen Überlegungen (im Gegensatz zu M. BAUER) nicht die Möglichkeit, sie auf beliebige algebraische Zahlkörper zu übertragen.

Obwohl hiernach das Problem, affektlose Gleichungen beliebigen Grades anzugeben, schon mannigfache Lösungen gefunden hat, dürften doch die folgenden Überlegungen, die zu einer neuen Klasse affektloser Gleichungen führen, nicht ohne Interesse sein. Dabei wird aus der Gruppentheorie gar nichts vorausgesetzt und statt dessen ein äußerst einfacher bisher gar nicht benutzter Gedanke verwertet (§ 2). Ferner wird die Idealtheorie gänzlich vermieden und nur mit spezifisch algebraischen Methoden operiert. Trotzdem lassen die Betrachtungen sich vom natürlichen Rationalitätsbereich fast unverändert auf beliebige algebraische Zahlkörper übertragen und gestatten, Gleichungen mit rationalen Koeffizienten hinzuschreiben, die in einem vorgegebenen algebraischen Zahlkörper ohne Affekt sind; bei dieser Übertragung werden dann allerdings auch die elementarsten Sätze der Idealtheorie gebraucht.

Nach Fertigstellung meines Manuskriptes ist eine weitere Note von Herrn MICHAEL BAUER erschienen, in der er unter Berufung auf die von den Herren SCHUR und FURTWÄNGLER befolgten Gedankengänge sowie eine eigene frühere Arbeit eine neue Methode andeutet, die die Idealtheorie vermeidet, und zwar auch für beliebige algebraische Zahlkörper.[2]) Indessen sind zur vollständigen Ausführung dieser Skizze doch recht erhebliche Vorbereitungen erforderlich, denen gegenüber meine hier folgenden Überlegungen wohl den Vorzug größerer Einfachheit und Durchsichtigkeit haben dürften.

§ 2.
Zurückführung des Problems auf Irreduzibilitätsfragen.

Wir legen zunächst den natürlichen Rationalitätsbereich zugrunde. Sei $f(x) = 0$ eine irreduzible Gleichung n^{ten} Grades mit den Wurzeln

[1]) PH. FURTWÄNGLER, Über Kriterien für irreduzible und für primitive Gleichungen und über die Aufstellung affektfreier Geichungen. Math. Annalen 85 (1922).

[2]) M. BAUER, Ganzzahlige Gleichungen ohne Affekt. Mathemat. Zeitschrift 16 (1923).

$\varrho_1, \varrho_2, \ldots, \varrho_n$. Der Körper $\mathfrak{K}(\varrho_1)$ ist dann vom n^{ten} Grad. Wenn nun weiter die Gleichung $(n-1)^{\text{ten}}$ Grades

$$\frac{f(x)}{x-\varrho_1}=0,$$

deren Koeffizienten dem Körper $\mathfrak{K}(\varrho_1)$ angehören, in diesem Körper irreduzibel ist, so hat der Körper $\mathfrak{K}(\varrho_1, \varrho_2)$ den Relativgrad $n-1$ in bezug auf $\mathfrak{K}(\varrho_1)$; er ist also im ganzen vom Grad $n(n-1)$.

Wenn weiter die Gleichung $(n-2)^{\text{ten}}$ Grades

$$\frac{f(x)}{(x-\varrho_1)(x-\varrho_2)}=0,$$

deren Koeffizienten dem Körper $\mathfrak{K}(\varrho_1, \varrho_2)$ angehören, in diesem Körper irreduzibel ist, so hat der Körper $\mathfrak{K}(\varrho_1, \varrho_2, \varrho_3)$ den Relativgrad $n-2$ in bezug auf $\mathfrak{K}(\varrho_1, \varrho_2)$; er ist also im ganzen vom Grad $n(n-1)(n-2)$.

Durch Fortsetzung dieser Schlußweise ergibt sich folgendes: Wenn die Gleichung $f(x)=0$ im natürlichen Rationalitätsbereich irreduzibel ist, und wenn für $\lambda=1, 2, \ldots, n-2$ die Gleichung

$$\frac{f(x)}{(x-\varrho_1)\ldots(x-\varrho_\lambda)}=0$$

im Körper $\mathfrak{K}(\varrho_1, \ldots, \varrho_\lambda)$ irreduzibel ist, so ist der Körper $\mathfrak{K}(\varrho_1, \varrho_2, \ldots, \varrho_{n-1})$, oder was dasselbe ist, der Galoissche Körper $\mathfrak{K}(\varrho_1, \varrho_2, \ldots, \varrho_n)$ vom Grad

$$n(n-1)\ldots.3\cdot 2=n!.$$

Der Grad dieses Galoisschen Körpers ist aber auf Grund einer bekannten Definition der Gruppe der Gleichung $f(x)=0$ gleich dem Grad dieser Gruppe. Also ist diese Gruppe vom Grad $n!$, d. h. es ist die symmetrische Gruppe; die Gleichung $f(x)=0$ hat daher keinen Affekt.

Übrigens ist auch umgekehrt klar, daß, wenn die Gleichung $f(x)=0$ keinen Affekt haben soll, ihr die obigen Irreduzibilitätseigenschaften zukommen müssen, die somit notwendig und hinreichend sind.

§ 3.

Wirkliche Aufstellung affektloser Gleichungen.

Nach § 2 kommt es nur darauf an, Gleichungen anzugeben, welche die dort erwähnten Irreduzibilitätseigenschaften haben. Dazu verfahren wir folgendermaßen.

Wir wählen $n-1$ verschiedene Primzahlen

$$p_1, p_2, \ldots, p_{n-1},$$

und zwar sei

$$p_{\lambda+1} \geqq \lambda+1 \quad \text{für } \lambda=2, 3, \ldots, n-2,$$

so daß es mod $p_{\lambda+1}$ mindestens λ relativ prime Reste gibt. Von den Koeffizienten a_ν des Polynoms

$$f(x) = x^n + a_1 x^{n-1} + \ldots + a_{n-1} x + a_n$$

setzen wir dann voraus, daß sie ganze rationale Zahlen sind und die folgenden Bedingungen erfüllen:

$$\text{(I)} \begin{cases} a_1 \text{ ist teilbar durch } p_1, & \text{aber nicht durch } p_2, \\ a_2 \text{ „ „ „ } p_1 p_2, & \text{„ „ „ } p_3, \\ \text{— — — — — — —} & \text{— — — — — —} \\ a_{n-2} \text{ „ „ „ } p_1 p_2 \cdots p_{n-2}, & \text{„ „ „ } p_{n-1}; \end{cases}$$

(II) a_{n-1} ist teilbar durch $p_1 p_2 \cdots p_{n-1}$;

(III) a_n ist teilbar durch $p_1 p_2 \cdots p_{n-1}$, enthält aber jede dieser Primzahlen nur in der ersten Potenz;

(IV) für $\lambda = 2, 3, \ldots, n-2$ zerfällt das Polynom

$$x^\lambda + a_1 x^{\lambda-1} + \ldots + a_\lambda$$

mod $p_{\lambda+1}$ in ein Produkt von λ inkongruenten Linearfaktoren.[1])

Alsdann behaupten wir, daß die Gleichung $f(x)=0$ die in § 2 formulierten Irreduzibilitätseigenschaften hat, also im natürlichen Rationalitätsbereich ohne Affekt ist.

Bevor wir zum Beweis übergehen, soll gezeigt werden, daß sich die obigen vier Bedingungen leicht verwirklichen lassen. Zu dem Zweck wähle man $n-2$ ganze Zahlen $k_1, k_2, \ldots, k_{n-2}$ derart, daß für $\lambda = 1, 2, \ldots, n-2$ die λ Zahlen

$$p_1 k_1, \; p_1 p_2 k_2, \; \ldots, \; p_1 p_2 \cdots p_\lambda k_\lambda$$

mod $p_{\lambda+1}$ inkongruent und relativ prim zu $p_{\lambda+1}$ sind. Das kann beispielsweise dadurch erreicht werden, daß man die k_λ aus den Kongruenzen bestimmt:

$$\begin{aligned} p_1 k_1 &\equiv 1 && (\text{mod } p_2 p_3 \cdots p_{n-1}), \\ p_1 p_2 k_2 &\equiv 2 && (\text{mod } p_3 p_4 \cdots p_{n-1}), \\ &\text{— — — — —} \\ p_1 p_2 \cdots p_{n-2} k_{n-2} &\equiv n-2 && (\text{mod } p_{n-1}). \end{aligned}$$

[1]) Das ist wegen (I) nur möglich, wenn es mod $p_{\lambda+1}$ mindestens λ relativ prime Reste gibt, was wir deshalb oben ausdrücklich verlangt haben.

Sodann wähle man noch zwei ganze Zahlen k_{n-1} und k_n, die erste ganz beliebig, die letzte relativ prim zu $p_1 p_2 \ldots p_{n-1}$. Bildet man jetzt die Gleichung

$$x(x+p_1 k_1)(x+p_1 p_2 k_2)\ldots(x+p_1 p_2 \ldots p_{n-1} k_{n-1}) \\ +p_1 p_2 \ldots p_{n-1} k_n = 0,$$

so hat diese die oben verlangten vier Eigenschaften und ist also ohne Affekt. In der Tat, wenn man diese Gleichung mit der Gleichung

$$x^n + a_1 x^{n-1} + \ldots + a_{n-1} x + a_n = 0$$

identifiziert, so sind $a_1, a_2, \ldots, a_{n-1}$ die symmetrischen Grundfunktionen von

$$p_1 k_1,\ p_1 p_2 k_2,\ \ldots,\ p_1 p_2 \ldots p_{n-1} k_{n-1},$$

woraus sofort die Eigenschaften (I) und (II) folgen. Ferner ist

$$a_n = p_1 p_2 \ldots p_{n-1} k_n,$$

so daß auch die Eigenschaft (III) vorhanden ist. Endlich ist für $\lambda = 2, 3, \ldots, n-2$

$$x^\lambda + a_1 x^{\lambda-1} + \ldots + a_\lambda \\ \equiv (x+p_1 k_1)(x+p_1 p_2 k_2)\ldots(x+p_1 p_2 \ldots p_\lambda k_\lambda) \pmod{p_{\lambda+1}},$$

und die rechtsstehenden Linearfaktoren sind nach Voraussetzung inkongruent, womit auch die Eigenschaft (IV) gesichert ist.

§ 4.
Hilfssätze.

Dem Beweis unserer Behauptung schicken wir drei Hilfssätze voraus.

Hilfssatz 1. Wenn die Koeffizienten $r_1, \ldots, r_l$ der Gleichung

$$x^l + r_1 x^{l-1} + \ldots + r_l = 0$$

rationale (nicht notwendig ganze) durch die Primzahl p teilbare Zahlen sind, und wenn r_l nicht durch p^2 teilbar ist, so ist die Gleichung irreduzibel.[1])

Das ist das bekannte Eisensteinsche Kriterium (vgl. z. B. H. Weber, Lehrbuch der Algebra I, Seite 605; 2. Aufl. S. 654).

Hilfssatz 2. Ist λ eine der Zahlen $1, 2, \ldots, n-2$, und ist m ein beliebig hoher Exponent, so hat die Kongruenz

[1]) In üblicher Weise nennen wir auch eine gebrochene rationale Zahl teilbar durch die Primzahl p oder eine Potenz von p, wenn, nachdem man die Zahl auf kleinsten Nenner gebracht hat, ihr Zähler teilbar ist.

$$f(x) \equiv 0 \qquad (\text{mod } p_{\lambda+1}^m)$$

mindestens λ Lösungen, die mod $p_{\lambda+1}$ inkongruent und relativ prim zu $p_{\lambda+1}$ sind.

Nach den Voraussetzungen (I) bis (IV) ist nämlich

$$\begin{aligned} f(x) &\equiv (x^\lambda + a_1 x^{\lambda-1} + \ldots + a_\lambda) x^{n-\lambda} \qquad (\text{mod } p_{\lambda+1}) \\ &\equiv (x - b_1)(x - b_2) \ldots (x - b_\lambda) x^{n-\lambda} \qquad (\text{mod } p_{\lambda+1}), \end{aligned}$$

wobei die $b_1, \ldots, b_\lambda$ mod $p_{\lambda+1}$ inkongruent und relativ prim zu $p_{\lambda+1}$ sind (letzteres, weil ja a_λ nicht durch $p_{\lambda+1}$ teilbar ist). Wenn man also, unter ν eine beliebige der Zahlen $1, 2, \ldots, \lambda$ verstehend, die Zahl x der Kongruenz

$$(1) \qquad x \equiv b_\nu \quad (\text{mod } p_{\lambda+1})$$

gemäß wählt, so ist jedenfalls $f(x)$ durch $p_{\lambda+1}$ teilbar. Es muß aber noch gezeigt werden, daß man $f(x)$ sogar durch eine beliebig hohe Potenz von $p_{\lambda+1}$ teilbar machen kann. Wenn aber $f(x)$ für eine bestimmte der Kongruenz (1) genügende Zahl $x = x_1$ etwa genau durch $p_{\lambda+1}^\mu$ teilbar ist, so setzen wir

$$x = x_1 + \xi p_{\lambda+1}^\mu .$$

Dann ist

$$(2) \qquad f(x) \equiv f(x_1) + \xi p_{\lambda+1}^\mu f'(x_1) \quad (\text{mod } p_{\lambda+1}^{\mu+1}).$$

Nun ist aber $x_1 \equiv b_\nu \pmod{p_{\lambda+1}}$; also auch

$$\begin{aligned} f'(x_1) \equiv f'(b_\nu) &\equiv (b_\nu - b_1) \ldots (b_\nu - b_{\nu-1})(b_\nu - b_{\nu+1}) \ldots (b_\nu - b_\lambda) b_\nu^{n-\lambda} \\ &\not\equiv 0 \quad (\text{mod } p_{\lambda+1}). \end{aligned}$$

Man kann daher die ganze Zahl ξ so bestimmen, daß

$$\xi f'(x_1) + \frac{f(x_1)}{p_{\lambda+1}^\mu} \equiv 0 \quad (\text{mod } p_{\lambda+1})$$

ist, und dann wird nach (2) $f(x)$ durch $p_{\lambda+1}^{\mu+1}$ teilbar sein. Somit läßt sich der Exponent von $p_{\lambda+1}$ beliebig vergrößern, und damit ist Hilfssatz 2 bewiesen.

Bevor wir den dritten Hilfssatz formulieren, setzen wir einige Bezeichnungen fest. Wenn das Polynom $f(x)$ durch

$$(3) \qquad g_\lambda(x) = (x - y_1)(x - y_2) \ldots (x - y_\lambda)$$

dividiert wird, so entsteht ein Quotient vom Grad $n - \lambda$ in x und ein Rest. Den Quotienten bezeichnen wir mit

$$f_{\lambda+1}(x, y_1, \ldots, y_\lambda);$$

offenbar ist er eine ganze rationale Funktion der $\lambda+1$ Argumente $x, y_1, \ldots, y_\lambda$ mit ganzzahligen Koeffizienten. Nach den Regeln der Partialbruchzerlegung ist

$$(4) \qquad \frac{f(x)}{g_\lambda(x)} = f_{\lambda+1}(x, y_1, \ldots, y_\lambda) + \sum_{\nu=1}^{\lambda} \frac{f(y_\nu)}{g'_\lambda(y_\nu)} \frac{1}{x-y_\nu}.$$

Wenn man hier $y_{\lambda+1}$ an Stelle von x schreibt und beachtet, daß offenbar

$$g_\lambda(x)\cdot(x-y_{\lambda+1}) = g_{\lambda+1}(x),$$

also durch Differentiation

$$g_\lambda(y_{\lambda+1}) = g'_{\lambda+1}(y_{\lambda+1}),$$

$$g'_\lambda(y_\nu)\cdot(y_{\lambda+1}-y_\nu) = -g'_{\lambda+1}(y_\nu) \quad (\nu=1, 2, \ldots, \lambda)$$

ist, erhält man die Formel:

$$f_{\lambda+1}(y_{\lambda+1}, y_1, \ldots, y_\lambda) = \sum_{\nu=1}^{\lambda+1} \frac{f(y_\nu)}{g'_{\lambda+1}(y_\nu)}.$$

Diese zeigt, daß $f_{\lambda+1}$ eine symmetrische Funktion ihrer $\lambda+1$ Argumente ist; man kann also das erste Argument $y_{\lambda+1}$ auch an die letzte Stelle setzen. Wenn man dann noch μ statt $\lambda+1$ schreibt, so geht die vorige Formel über in:

$$(5) \qquad f_\mu(y_1, \ldots, y_\mu) = \sum_{\nu=1}^{\mu} \frac{f(y_\nu)}{g'_\mu(y_\nu)}.$$

Nun formulieren und beweisen wir den

Hilfssatz 3. Sei λ eine der Zahlen $1, 2, \ldots, n-2$. Dann gibt es λ ganze Zahlen $y_1, y_2, \ldots, y_\lambda$, die mod $p_{\lambda+1}$ inkongruent und relativ prim zu $p_{\lambda+1}$ sind, und so beschaffen, daß die λ ganzen Zahlen

$$(\mathrm{A}) \qquad f(y_1),\ f_2(y_1, y_2),\ \ldots,\ f_\lambda(y_1, y_2, \ldots, y_\lambda)$$

durch eine beliebig hohe vorgeschriebene Potenz von $p_{\lambda+1}$ teilbar sind. Setzt man dann

$$f_{\lambda+1}(x, y_1, \ldots, y_\lambda) = x^{n-\lambda} + c_1 x^{n-\lambda-1} + \ldots + c_{n-\lambda},$$

so sind alle c_ν durch $p_{\lambda+1}$ teilbar, aber speziell $c_{n-\lambda}$ nicht durch $p_{\lambda+1}^2$.

Nach Hilfssatz 2 kann man nämlich die Zahlen $y_1, \ldots, y_\lambda$ so wählen, daß sie mod $p_{\lambda+1}$ inkongruent und relativ prim zu $p_{\lambda+1}$ sind, und daß die λ Zahlen

$$f(y_\nu) \quad (\nu=1, 2, \ldots, \lambda)$$

durch eine beliebig hohe vorgeschriebene Potenz von $p_{\lambda+1}$ teilbar sind. Die Formel (5) lehrt, daß dann auch die Zahlen (A) durch diese beliebig hohe Potenz von $p_{\lambda+1}$ teilbar sind.

Ferner folgt aus (4), indem man mit dem Nenner $g_\lambda(x)$ multipliziert, daß das Polynom $f(x)$ nach der beliebig hohen Potenz von $p_{\lambda+1}$ dem Produkt $g_\lambda(x)\cdot f_{\lambda+1}(x, y_1, \ldots, y_\lambda)$ kongruent ist. Setzt man also

$$g_\lambda(x) = x^\lambda + d_1 x^{\lambda-1} + \ldots + d_\lambda, \tag{6}$$

so gilt insbesondere mod $p_{\lambda+1}^2$ die Kongruenz

$$\begin{aligned} & x^n + a_1 x^{n-1} + \ldots + a_n \\ \equiv & (x^\lambda + d_1 x^{\lambda-1} + \ldots + d_\lambda)(x^{n-\lambda} + c_1 x^{n-\lambda-1} + \ldots + c_{n-\lambda}), \end{aligned}$$

und folglich ist

$$\left.\begin{array}{l} a_n \equiv d_\lambda c_{n-\lambda} \\ a_{n-1} \equiv d_\lambda c_{n-\lambda-1} + d_{\lambda-1} c_{n-\lambda} \\ - \quad - \quad - \quad - \quad - \quad - \quad - \\ a_{\lambda+1} \equiv d_\lambda c_1 + d_{\lambda-1} c_2 + \ldots \end{array}\right\} \pmod{p_{\lambda+1}^2}. \tag{7}$$

Nun ist aber, wie ein Vergleich von (3) mit (6) lehrt, $d_\lambda = \pm y_1 y_2 \ldots y_\lambda$, und daher d_λ nicht durch $p_{\lambda+1}$ teilbar. Nach der ersten der Kongruenzen (7) ist also $c_{n-\lambda}$ durch $p_{\lambda+1}$ teilbar, aber nicht durch $p_{\lambda+1}^2$, weil ja a_n nicht durch $p_{\lambda+1}^2$ teilbar ist. Aus den späteren der Kongruenzen (7) ergibt sich dann der Reihe nach, daß auch $c_{n-\lambda-1}$, $c_{n-\lambda-2}, \ldots, c_2, c_1$ durch $p_{\lambda+1}$ teilbar sind. Damit ist Hilfssatz 3 vollständig bewiesen.

§ 5.

Beweis des Hauptsatzes.

Der Beweis unserer in § 3 formulierten Behauptung gestaltet sich nun folgendermaßen. Aus (4) folgt, indem man für $y_1, \ldots, y_\lambda$ speziell die Wurzeln $\varrho_1, \ldots, \varrho_\lambda$ von $f(x)$ einsetzt:

$$\frac{f(x)}{(x-\varrho_1)\ldots(x-\varrho_\lambda)} = f_{\lambda+1}(x, \varrho_1, \ldots, \varrho_\lambda).$$

Nach § 2 ist also nur nötig zu zeigen, daß die Polynome

$$\left\{\begin{array}{ll} f(x) & \text{im Körper der rationalen Zahlen,} \\ f_2(x, \varrho_1) & \quad ,, \quad ,, \quad \mathfrak{K}(\varrho_1), \\ - \quad - \quad - \quad - & - \quad - \quad - \quad - \\ f_{n-1}(x, \varrho_1, \ldots, \varrho_{n-2}) & \text{im Körper } \mathfrak{K}(\varrho_1, \ldots, \varrho_{n-2}) \end{array}\right. \tag{8}$$

irreduzibel sind.

Nun folgt aber die Irreduzibilität von $f(x)$ im Körper der rationalen Zahlen sogleich aus Hilfssatz 1 mit $p=p_1$. Wir dürfen daher annehmen, daß die Irreduzibilität der λ ersten unter den Polynomen (8) bereits erkannt sei, und wollen dann auch die Irreduzibilität des $(\lambda+1)^{\text{ten}}$, also des Polynoms

$$f_{\lambda+1}(x, \varrho_1, \ldots, \varrho_\lambda)$$

im Körper $\mathfrak{K}(\varrho_1, \ldots, \varrho_\lambda)$ beweisen. Machen wir zu dem Zweck die Hypothese des Gegenteils, so gilt eine Zerlegung der Form

$$(9) \qquad f_{\lambda+1}(x, \varrho_1, \ldots, \varrho_\lambda) = (x^\mu + \ldots)(x^{n-\lambda-\mu} + \ldots),$$

wobei rechts die Koeffizienten der geringeren Potenzen von x Zahlen des Körpers $\mathfrak{K}(\varrho_1, \ldots, \varrho_\lambda)$ sind, die wir daher als Polynome von $\varrho_1, \ldots, \varrho_\lambda$ mit rationalen (nicht notwendig ganzen) Koeffizienten schreiben können. Dadurch erhält die Formel (9) die Gestalt

$$(9\text{a}) \qquad f_{\lambda+1}(x, \varrho_1, \ldots, \varrho_\lambda) = \psi(x, \varrho_1, \ldots, \varrho_\lambda) \cdot \omega(x, \varrho_1, \ldots, \varrho_\lambda).$$

Wenn man hier statt ϱ_λ eine Variable y_λ setzt, so besagt diese Gleichung, daß das Polynom

$$(10) \qquad \begin{gathered} f_{\lambda+1}(x, \varrho_1, \ldots, \varrho_{\lambda-1}, y_\lambda) \\ -\psi(x, \varrho_1, \ldots, \varrho_{\lambda-1}, y_\lambda) \cdot \omega(x, \varrho_1, \ldots, \varrho_{\lambda-1}, y_\lambda) \end{gathered}$$

für $y_\lambda = \varrho_\lambda$ verschwindet. Da aber $y=\varrho_\lambda$ eine Wurzel der im Körper $\mathfrak{K}(\varrho_1, \ldots, \varrho_{\lambda-1})$ schon als irreduzibel erkannten Gleichung $f_\lambda(y, \varrho_1, \ldots, \varrho_{\lambda-1})=0$ ist, so muß das Polynom (10) durch $f_\lambda(y_\lambda, \varrho_1, \ldots, \varrho_{\lambda-1})$ teilbar sein, oder, weil ja f_λ eine **symmetrische** Funktion ist, durch $f_\lambda(\varrho_1, \ldots, \varrho_{\lambda-1}, y_\lambda)$. Somit besteht eine Identität der Form

$$\begin{gathered} f_{\lambda+1}(x, \varrho_1, \ldots, \varrho_{\lambda-1}, y_\lambda) - \psi(x, \varrho_1, \ldots, \varrho_{\lambda-1}, y_\lambda) \cdot \omega(x, \varrho_1, \ldots, \varrho_{\lambda-1}, y_\lambda) \\ = f_\lambda(\varrho_1, \ldots, \varrho_{\lambda-1}, y_\lambda) \cdot \chi_\lambda(x, \varrho_1, \ldots, \varrho_{\lambda-1}, y_\lambda), \end{gathered}$$

wo auch χ_λ rationale Koeffizienten hat und in x von geringerem Grad als $f_{\lambda+1}$ ist, also höchstens vom Grad $n-\lambda-1$.

Bringt man in der letzten Formel die rechte Seite nach links und setzt dann statt $\varrho_{\lambda-1}$ wieder eine Variable $y_{\lambda-1}$, so erkennt man ebenso, daß das entstehende Polynom durch $f_{\lambda-1}(\varrho_1, \ldots, \varrho_{\lambda-2}, y_{\lambda-1})$ teilbar sein muß. Durch Fortsetzung dieses Prozesses erhält man schließlich eine Identität der Form:

$$\begin{gathered} f_{\lambda+1}(x, y_1, \ldots, y_\lambda) = \psi(x, y_1, \ldots, y_\lambda) \cdot \omega(x, y_1, \ldots, y_\lambda) \\ + f_\lambda(y_1, \ldots, y_\lambda) \cdot \chi_\lambda(x, y_1, \ldots, y_\lambda) \\ + f_{\lambda-1}(y_1, \ldots, y_{\lambda-1}) \cdot \chi_{\lambda-1}(x, y_1, \ldots, y_\lambda) + \ldots \\ + f_2(y_1, y_2) \cdot \chi_2(x, y_1, \ldots, y_\lambda) + f(y_1) \cdot \chi_1(x, y_1, \ldots, y_\lambda), \end{gathered}$$

wobei die Polynome χ rationale Koeffizienten haben und in x höchstens vom Grad $n-\lambda-1$ sind. Diese Identität besagt aber, daß das Polynom von x

$$(11)\begin{cases} f_{\lambda+1}(x, y_1, \ldots, y_\lambda) - f(y_1)\cdot\chi_1(x, y_1, \ldots, y_\lambda) \\ -f_2(y_1, y_2)\cdot\chi_2(x, y_1, \ldots, y_\lambda) - \ldots - f_\lambda(y_1, \ldots, y_\lambda)\cdot\chi_\lambda(x, y_1, \ldots, y_\lambda), \end{cases}$$

wenn man darin für $y_1, \ldots, y_\lambda$ beliebige rationale Zahlen einsetzt, im natürlichen Rationalitätsbereich stets in zwei Faktoren $\psi\cdot\omega$ zerfällt, die beide x enthalten. Wenn man also ein Zahlensystem $y_1, \ldots, y_\lambda$ nachweisen kann, für welches das Polynom (11) tatsächlich irreduzibel wird, so liegt ein Widerspruch vor; die oben gemachte Hypothese wird dann als falsch erkannt, und somit unsere Behauptung in vollem Umfang bewiesen sein.

Ein solches Zahlensystem $y_1, \ldots, y_\lambda$ ist aber das in Hilfssatz 3 angegebene. Denn selbst, wenn die rationalen Koeffizienten der Funktionen χ die Primzahl $p_{\lambda+1}$ im Nenner enthalten sollten, kann man nach Hilfssatz 3 die Zahlen $y_1, \ldots, y_\lambda$ doch so wählen, daß in den sämtlichen Subtrahenden von (11) diese Nennerfaktoren sich wegheben, und die Subtrahenden noch durch eine beliebig hohe Potenz von $p_{\lambda+1}$ teilbar werden, also gewiß durch $p_{\lambda+1}^2$. Dann ist aber das Polynom (11) mod $p_{\lambda+1}^2$ kongruent zu

$$f_{\lambda+1}(x, y_1, \ldots, y_\lambda) = x^{n-\lambda} + c_1 x^{n-\lambda-1} + \ldots + c_{n-\lambda}.$$

Wenn man also vom Koeffizienten der höchsten Potenz von x, der ja gleich 1 ist, absieht, sind nach Hilfssatz 3 alle andern Koeffizienten durch $p_{\lambda+1}$ teilbar, und speziell das von x freie Glied nicht durch $p_{\lambda+1}^2$. Nach Hilfssatz 1 erweist sich dann das Polynom (11) als irreduzibel, und damit ist der gewünschte Widerspruch festgestellt.

§ 6.

Ausdehnung auf beliebige algebraische Zahlkörper.

Legt man statt des natürlichen Rationalitätsbereiches einen beliebigen algebraischen Zahlkörper zugrunde und wählt die Primzahlen $p_1, p_2, \ldots, p_{n-1}$ so, daß sie nicht in der Diskriminante dieses Körpers enthalten sind, so sind sie bekanntlich nicht durch das Quadrat eines Primideals teilbar.[1]) Ist etwa $\mathfrak{p}_{\lambda+1}$ ein Primidealfaktor von $p_{\lambda+1}$, so lassen sich wörtlich dieselben Überlegungen wie oben durch-

[1]) Man sehe etwa Satz 31 des Hilbertschen Berichtes „Die Theorie der algebraischen Zahlkörper". Jahresbericht der deutschen Mathematikervereinigung 4.

führen, wobei nur als Kongruenzmodul an Stelle von $p_{\lambda+1}$ jetzt $\mathfrak{p}_{\lambda+1}$ stehen muß. Dabei ist es für die jedesmalige Anwendung des dem EISENSTEINschen Satz (Hilfssatz 1) entsprechenden Satzes[1]) wesentlich, daß der letzte Gleichungskoeffizient a_n nur durch die erste Potenz von $p_{\lambda+1}$, also auch nur durch die erste Potenz von $\mathfrak{p}_{\lambda+1}$ teilbar ist. Somit ist die Gleichung $f(x)=0$, die rationale Koeffizienten hat, nicht nur im Körper der rationalen Zahlen, sondern auch in dem zugrunde gelegten algebraischen Zahlkörper ohne Affekt.

[1]) Dessen Beweis ganz einfach und dem des EISENSTEINschen Satzes völlig analog ist.

FSC
www.fsc.org
MIX
Papier | Fördert gute Waldnutzung
FSC® C083411

Zeitfracht Medien GmbH
Ferdinand-Jühlke-Straße 7
99095 Erfurt, Deutschland
produktsicherheit@kolibri360.de